BEI GRIN MACHT SICH IHR WISSEN BEZAHLT

- Wir veröffentlichen Ihre Hausarbeit, Bachelor- und Masterarbeit

- Ihr eigenes eBook und Buch - weltweit in allen wichtigen Shops

- Verdienen Sie an jedem Verkauf

Jetzt bei www.GRIN.com hochladen und kostenlos publizieren

Bibliografische Information der Deutschen Nationalbibliothek:

Die Deutsche Bibliothek verzeichnet diese Publikation in der Deutschen National-bibliografie; detaillierte bibliografische Daten sind im Internet über http://dnb.d-nb.de/ abrufbar.

Impressum:

Copyright © 2010 GRIN Verlag, Open Publishing GmbH
Druck und Bindung: Books on Demand GmbH, Norderstedt Germany
ISBN: 9783640644414

Dieses Buch bei GRIN:

http://www.grin.com/de/e-book/151811/erinnerungen-an-johann-ludwig-werder-anlaesslich-seines-125-todestages

Wolfgang Piersig

Erinnerungen an Johann Ludwig Werder anläßlich seines 125. Todestages

(17. Mai 1808 bis 4. August 1885)

GRIN Verlag

Johann Ludwig Werder

(17. Mai 1808 bis 4. August 1885)

Erinnerungen an anlässlich seines 125. Todestages

■

Beitrag zur Technikgeschichte (17)

Dr.-Ing. Wolfgang Piersig

Berg- und Adam-Ries-Stadt Annaberg-Buchholz

Geburtsstadt von Emil Heyn — Begründer der Metallographie und Metallkunde

Mai 2010

Johann Ludwig Werder

(17. Mai 1808, Narva bei St. Petersburg; 4. August 1885, Nürnberg)

[6].

[6] Amstutz, E.: 100 Jahre Werdersche Universal-Festikeitsprüfmaschine der EMPA. Schweizer Archiv 32(1966), S. 377/379.

Inhaltsverzeichnis.

Seite

Einleitung.

Anlass für das vorliegende Buch ist zum einen der 125. Todestag von Julius Ludwig Werder, der ein Maschinenbaupraktiker war, den seltene Zielstrebigkeit, technische Genialität, riesige Arbeitskraft eiserner Fleiß, stete Pflichttreue, reiche Erfahrung, hervorragendes Organisationstalent auszeichneten, wodurch er bezüglich Größe, Bekanntheit, Qualität, Wirtschaftlichkeit, Ansehen, für die 1841 gegründete Eisengießerei Klett & Comp. Nürnberg, ein Vorgänger der MAN, beste Resultate erzielte.

Zum anderen ist aber auch Anstoß für dies Werk die vor rund 160 Jahren von J. L. Werder, der am 17. Mai 1808 in Narva bei St. Petersburg geboren und am 4. August 1885 in Nürnberg aus seinem schaffensreichen wie auch arrivierten Leben abberufen wurde, konstruierte, vollbrachte und genutzte erste deutsche Universalprüfungsmaschine, die bekannte „Werder-Maschine", eine 100-Mp-Universalprüfmaschine für Zug-, Druck-, Biege-, Torsion-, Schub-, Abscher- und Zerknickversuche in liegender Bauart, mit hydraulischer Krafterzeugung und Kraftmessung durch Hebelwaage.

Ein dritter Beweggrund zu dieser Publikation entsprang aus der Tatsache, daß Werder (nach bisherigem Kenntnisstand) nie etwas veröffentlicht hat.

Mit dem Abriss zum Leben von Johann Ludwig Werder und der Vorstellung seiner wichtigsten Erfolge, sollen einerseits diese gewürdigt wie auch andererseits der Nachwelt, insbesondere den Theoretikern und Praktikern, Lehrenden, Lernenden und Studierenden, Fachleuten, Laien und Interessierten des Maschinen- und Werkzeugmaschinenbaus, aber auch den Material- wie auch Technikwissenschaftlern erhalten bleiben.

Außerdem wird mit dem Werk die Absicht bezweckt, sowohl auf Werders Innovationskraft, insbesondere aus der Schaffensperiode von 1845 bis 1885, auf den Gebieten Maschinen-, Werkzeugmaschinen-, Eisenbahn-, Brücken-, Hallen-, Waffen-, Fabrikbau aufmerksam zu machen wie auch nachhaltig anzusprechen, daß Johann Ludwig Werder nicht nur einer der ersten großen Konstrukteure war, sondern, daß er auch zu den größten Fabrikorganisatoren des 19. Jahrhunderts, dessen Leben nur Arbeit war, gehörte. Und daß Ludwig Werder nicht nur mit seinem Geist, Lineal, Zirkel, Stift, sondern auch mit seinen Händen am Schraubstock mit Feile, Hammer, Meißel, Zange an der Maschine arbeitete, dies oftmals auch nachts allein.

Erinnerungen an Johann Ludwig Werder anlässlich seines 125. Todestages

(17. Mai 1808 bis 4. August 1885)

[1] bis [22].

Johann Ludwig Werder, über den hier zu berichten ist, war ein Maschinenbaupraktiker, gekennzeichnet durch seltene Zielstrebigkeit, emsiges Bemühen, technische Genialität, großartiges Organisationstalent, riesige Arbeitskraft und Ausdauer, stete Pflichttreue, eiserner Fleiß, reiche Erfahrung, hervorragende Führungs-, Leitungs- und Fortbildungsbegabung, alles Attribute mit denen er hervorragende Resultate bezüglich der Größe und Bekanntheit, dem Ansehen und Ruhm, der Qualität und Wirtschaftlichkeit für die Fabrik Cramer-Klett erzielte.

Es ist die Zeit der neuen Technik, Werkstoffe, Bildung und ihrer Anwendung speziell im Eisenbahn-, Schiffs-, Maschinen-, Brückenbau-, Hallen-, Geschütz- und Waffenbau, speziell wo Eisen- und Stahl in den Konstruktionen eine sehr bedeutende Rolle spielte und das zunehmend, je wohlfeiler dasselbe zu haben war. Beredtes Zeugnis für die neuen Kräfte war zum einen Nürnberg mit seiner ersten in Deutschland gebauten und ab dem 7. Dezember 1835 in Betrieb genommenen Dampfeisenbahn zur Personenbeförderung, womit mit einer Sech-Minuten-Fahrt von Nürnberg nach Führt ein neues Zeitalter der Verkehrstechnik begann und zum anderen Nürnbergs sich vom handwerklichen zum industriellen entwickelnder, bald weltweit geschätzter Werkzeug- sowie Maschinenbau und die damit verbundenen national wie auch international geschätzten Firmengründungen der Metallbe- und -verarbeitung.

Geboren wurde Johann (Leonhard) Ludwig Werder am 17. Mai 1808 zu Narva bei St. Petersburg als achtes von insgesamt elf Kindern. Daß er in Russland zur Welt kam, resultiert daraus, da sein Vater, Hans Heinrich Werder, ein biederer Schweizer Käser aus Küßnacht am Rigi ins Zarenland auswanderte, um da im großen Maßstab Landwirtschaft zu betreiben. Seine Eltern verlor Werder als er noch nicht neun Jahre alt war. So nahm sich sein Onkel, ein ausgewiesener Schlossermeister, in Küßnacht a. R. ihn als Waisen seiner an, der ihn da die Schule besuchen ließ und von 1823 bis 1827 zu einem tüchtigen Schlosser erzog. Mit dem Gesellenbrief in der Tasche ging er als freier Handwerksbursche auf die Walz und arbeitete ab 1827 in Basel, später in Salzburg, schließlich in München (1831-1845).

In der Bayernresidenz bekam er als 23-jähriger auch beim hervorragenden Mechaniker und Turmuhrenmacher Johann Mannhardt (1798-1878) eine ihn fachlich sowie geistig anregende, prägende Anstellung. Bei ihm, einem Mitbegründer des deutschen Werkzeugmaschinenbaues, wurde Werder bereits in die Schaffung gewichtiger Konstruktionen und ziemlich verwickelte Tragwerke involviert sowie auch auf Massenfertigung und Austauschbau orientiert.

Da er bei Mannhardt, der sich in seiner Anfang der vierziger Jahre gegründeten Münchner Werkzeug- und Maschinenfabrik mit der Konstruktion und dem Bau von Maschinen für die Flachs- und Hanfspinnerei, Topfpressen, Hammerwerke, Münzprägepressen, Webstühlen, Gusseisendachelementen beschäftigte, hatte er in ihm den wohl idealsten Lehrmeister im Konstruieren, Fertigen und Vermitteln von Fachwissen und praktischem Tun.

Eine zeitlang war Werder auch in der mechanischen Werkstätte der Spinnerei Troßbach & Mannhardt in Gmunden a. S. tätig, wo er auch mit an dem Dachstuhl arbeitete, der für die von

Ludwig I. (1786-1868, König von Bayern 1825-1848) erbaute Walhalla (geschaffen 1830 bis 1842 von einem der bedeutendsten deutschen klassizistischen Architekten Franz Karl Leopold von Klenze (1784-1864), bestimmt war. Zu dieser Zeit lernte Werder ferner den Vorstand der Münchner Orthopädieanstalt vom Kunstmaler und Akademieprofessor Joseph Schlotthauer (1789-1869), der sich maschinen-therapeutischen Apparaten widmete, kennen. Um seine Ideen konstruktiv umsetzen zu können, beschäftigte sich Werder eingehend mit der Anatomie. Nebenher erfand er eine Maschine zur Drahtstiftherstellung und betrieb nebenbei eine eigene Fabrikation, die später eine Abteilung der Klettschen Fabrik bildete und 1873 ein selbständige Unternehmen, die Drahtstiftenfabrik Klett & Co., wurde. Als Schlotthauers diese Anstalt 1843 schloss, ging er zu Mannhart zurück und folgend, 1845 bis 1885, hatte Werder in der Frankenmetropole seine imposantesten Erfolge.

Am Anfang stand Ende 1844 das Angebot des Bayerischen Staates ab dem 01. Januar 1845 in der Kgl. Eisenbahnwagen-Bauwerkstätte Nürnberg den Staatsdienst aufzunehmen, das er annahm. Alsbald wurde Werder (wohl im Herbst 1846) Maschinenbaumeister und Vorstand dieser Waggonbauanstalt. In dieser Stellung hatte er auch mit der Eisengießerei Klett & Comp. Nürnberg (u. a. geführt als Eisengießerei und Maschinenfabrik Klett & Comp.) persönliche wie auch geschäftliche Beziehungen, woraus der Antrag an ihn entsprang, technischer Leiter in dieser Fabrik zu werden.

Dies 1841 gegründete Unternehmen für Eisenbahnbedarf war eines der beiden Vorgänger der MAN, das zunächst Dampfmaschinen, ab 1884 Gussteile für den staatlichen bayrischen Waggonbau und im Konzern bis 1990 Schienenfahrzeuge fertigte. Ludwig Werders Wechsel zu Theodor Cramer-Klett (1817-1884) nach Nürnberg, der Heimatstadt des Malers Albrecht Dürer (1471 bis 1528) und von Peter Hehnlein (1479/80 bis 1542), dem Erfinder der Taschenuhr, der ab 15. Juli 1848 Alleininhaber der Maschinenbaufabrik Nürnberg war, erfolgte zum 1. November des Jahres 1848. Damit war ein ausgezeichneter Fachmann für die Entwicklung zur Maschinenbau A.-G. (1847 bis 1873) gefunden. Und mit seinem Weggang aus der Bayerischen Königlichen Wagenbauanstalt zu der Firma Klett & Co., wurde diese 1844 begründete Anstalt vom bayerischen Staat aufgehoben.

Dank J. L. Werders mitgebrachten Know-how konnte die Klettsche Fabrik einen eigenen Waggonbau aufnehmen. Werder tat dies mit einfachsten maschinellen Hilfsmitteln, wie einer Gatter- und Kreissäge ab 1850. Und mit solch einfachen Anfängen begann die Geschichte des MAN-Fahrzeugbaus. Also, er erkannte sofort, eine erfolgreiche Materialbearbeitung läßt sich nur mit speziellen Werkzeugmaschinen bewerkstelligen. Da es diese nicht gab, konstruierte und baute Werder sie selbst, womit er seine beabsichtigte Massenproduktion sichern konnte. Welchen Erfolg er damit verzeichnen konnte, spiegelt sich in den Ergebnissen für den Wagenbau und der Arbeitskräfteentwicklung wieder.

Begonnen hat dieser am 28. Februar 1851 mit dem ersten zweiachsigen gedeckten Eisenbahnwagen vom ersten 150 Güterwaggons umfassenden Auftrag der Bayerischen Staatsbahn aus dem Jahr 1850. Bereits im Jahr 1851 folgte von demselben Besteller ein Folgeauftrag von 200 Wagen gleicher Konstruktion. Erste Personenwagen kamen schon 1852 hinzu. Für die österreichische Staatsbahn wurde ab 1855 auch ein Auftrag von 830 Güterwagen und 1856 ging von ihr ebenso einen Großauftrag für Personenwagen ein für die nun fabrikmäßige Fertigung. Um diese ausführen zu können, ward Werder die Aufgabe gestellt, sich dafür maschinell einzurichten. So konstruierte und baute er Spezialmaschinen sowohl für die Holz- wie auch Metallbearbeitung, desgleichen Pressen für Zuglaschen sowie

Maschinen für die Massenfabrikation von Nieten, Schrauben und Muttern. Letztendlich stieg dadurch die Arbeiterschaft von 100 (1847) über 300 (1850), 1.300 (1855), 2224 (1857), 2.500 (1867/68), 2.768 (1870/71) auf 3.612 (1872/73).

Es ist schon bezeichnend, daß Mitte des 19. Jahrhunderts in der Maschinenbaufabrik Nürnberg der Eisenbahnwagenbau mit unverkennbar geringen Kosten, also erstaunlich wirtschaftlich, mittels Werders durchorganisierter Massenfertigung betrieben werden konnte.

So kosteten Güterwagen der ersten Generation mit Radsätzen 2.654 Mark bzw. ohne 1.854 Mark. Für dreiachsige Personenwagen der I. und II. Klasse waren 6.471 Mark ohne und 7.671 Mark mit Radsätzen, für die der II. Klasse 5.607 und die der III. Klasse 3.600 Mark aufzubringen.

1872 erzielte diese innovativ geprägte Abteilung der Kletts Fabrik bereits einen Umsatz von zwölf Millionen Mark, ursächlich trugen dazu die Fertigung von 4.032 Wagen (3.544 Last- und 488 Personenwagen) bei. Aufgrund der von Werder geschaffenen Produkttrilogie hohe Qualität, günstiger Preis, kurze Lieferzeiten gingen von den in den fünf Jahren von 1870 bis 1874 gefertigten 12.594 Wagen allein 47,4 % außerhalb Deutschlands (vornehmlich Schweiz, Türkei, Rußland, Italien); 25,6 % in die anderen deutschen Länder; 19,7 % nach Bayern und nur 7, 3 % nach Preußen. Nicht unbedeutend war auch die Fertigung von Ausrüstungen für das Militär, z. B. von Munitionswagen (ab 1859) und Lafetten (ab 1866) für die bayerische Armee sowie nach dem 1866 verlorenen (preußisch-deutschen) Krieg Militärgepäckwagen für die preußische Seite; übrigens für sie lieferte die Klettsche Maschinenfabrik auch 20.000 Sechpfündergranaten.

Interessant ist, daß Werder sich auch mit dem Dampfmaschinenbau und insbesondere seiner Steuerung beschäftigte. Eine solche, sehr beachtete schuf er 1860 für eine einzylindrige 100pferdige Fördermaschine für den Maxschacht in Stockheim mit vier Glockenventilen zur Dampfverteilung; ebenso hat er kleinere Maschinen von 0,5 bis 20 PS nicht nur für die Massenfabrikation vollständig durchgebildet, sondern diese auch auf Vorrat gebaut, um mit ungemein kurzen Lieferfristen am Markt präsent und mitbestimmend zu sein. Neben Dampfmaschinen und Patent-Locomobilen, baute Werder auch ganze Fabrikeinrichtungen, zum Beispiel solche für Säge- und Mahlmühlen, wo es galt, die alten hölzernen Triebwerke durch eiserne zu ersetzen und diese gleichfalls zu modernisieren.

Genauso entstanden unter seiner Federführung Transmissions- und Krananlagen, Aufzüge, Wasserräder und –werke, Turbinen, Brauhäuser, patentierte Getreidereinigungs- und Getreideputzmaschinen sowie Zement-, Gips-, Kunst- und Dampfmühlen. Von den zwei letzteren Arten führte er allein elf größere wie auch 46 Pumpwerke für Wasser- und Dampfbetrieb allein im Zeitraum von 1863 bis 1876 aus. Im genannten Jahr entstand durch ihn auch eine viel Aufsehen erregende, auch für die Massenfertigung geeignete, kalorische Maschine. Dazu sicherte Werder mit Konstruktionen für den Eisenbahnbedarf, wie Wasserstationen, Drehscheiben, Schiebebühnen, Hebekränen, Beschäftigung für die Zweige Maschinenbau und Eisengießerei.

Auch im Kesselbau hat Werder Beachtliches geschaffen, so konstruierte er einen Wasserrohrkessel für die unter dem Namen bekannt gewordene „Werder-Lokomobile". Zu seinen enormen Leistungen zählen auch die aus dem Feuerungsanlagenbau, wo er eine der

Tenbrink-Feuerung ähnliche Treppenrostfeuerung wie auch einen dachförmigen, dem Cariorost analogen ausbildete.

Gewichtig ist auch sein Anteil an der Leistungssteigerung in der Gießerei, die in den 50er Jahren jährlich allein 45 bis 50.000 Zentner an Maschinenguss lieferte. Achtung gebietend sind ebenso seine Beiträge, die er an der Spezialisierung der Schrauben-, Muttern- und Drahtstiftenfabrik hat, die gleichsam auch Laschen, Bolzen, Telegraphenträger herstellte. Besonders bekannt aus ihr wurde seine konstruierte und von ihm gebaute, leistungsfähige Sechkantmutternmaschine, genannt die „Hexe". Sowohl das bisher aufgezeigte Wachstum wie auch die im Folgenden angeführte Expansion in den Branchen des Unternehmens von Cramer-Klett beruhte auf der außerordentlichen Innovationskraft von Ludwig Werder; Garant dafür waren aber auch die von ihm geführten exzellenten Fach- und Führungskräfte.

Mit der Fertigung von Drahtstiften begann sich Werder schon in den 40er des 19. Jahrhunderts, also vor dem Eintritt in die Cramer-Klettsche Fabrik, intensiv zu beschäftigen. Von einer von ihm geschaffenen, ausgezeichnet arbeitenden ließ er dreimal in der Eisenbahn Werkstätte Nürnberg 1846/47 nachbauen und in der Fabrikanlage Gunzenhausen 1848 in Betrieb setzen. Erst als die Produktion 1850 von Cramer-Klett gekauft und von Werder weitere, erstklassig fertigende Maschinen hinzukamen, trat der durchgreifende Erfolg auf diesem Gebiet ein.

Ausdruck dafür ist eine Produktionszahl aus dem Jahr 1857, wo es durch Werders Maschinen ab da möglich war, fünfzehn Millionen Pfund Drahtstifte auf 32 Maschinen jährlich zu liefern. Werder legte damit nicht nur den Grundstein für ein besonderes Drahtwerk mit 50 Maschinen, sondern auch die Basis für eine sich ständig ausdehnende Drahtstiftenproduktion.

Beachtenswertes und Neues entstand durch Werder auch im Eisenhoch- und Brückenbau und machte Cramer-Klett zur leistungsfähigsten Firma Bayerns auf diesen Gebieten und weit über die Grenzen des Freistaates bekannt. Es begann mit einer freitragenden Gitterträgerkonstruktion aus Gusseisen und Holz für eine neue Schmiedehalle, die damals als „größte und schönste Werkstätte Deutschlands" galt.

1852 folgte in München mit der Firma Maffei die Schrannenhalle, die in nur 28 Tagen montierte Maximilians-Getreidehalle am Viktualienmarkt zu München mit einem Totalgewicht der Eisenteile von 1.125.299,61 Pfund; davon 724 Gusseisenteile (wie Säulen, Tragbalken, Fenstersäulen, Rosetten, Platten, Verzierungen) 733.780,24 Pfund, 43.926 Schmiedeeisenteile (wie Sparren, Anker, Winkel, Stangen, Dachlatten, Bänder, Platten, Rahmen, Halterungen, Schrauben, Muttern, Bolzen, Keile, Scheiben) mit 302.587,25 Pfund und Blechtafeln mit 88.932,12 Pfund (u. a. mit 55.076 Quadrat-Fuß Blechdeckung, 82.614 Pfund, 1.124 lfd. Fuß Dachrinnen, 2.529 Pfund sowie 1.034 Wülste, 3.789,12 Pfund), dann 1852/1853 nach den Plänen des Leiters der Königlichen Eisenbahnkommission, Friedrich August von Pauli, die erste eiserne Eisenbahnbrücke Bayerns bei Günzburg, sowie 1853 ein Wintergarten.

Mit beiden Eisen-Glas-Konstruktionen schuf er ein Symbol des Fortschritts im Bauen. Somit ist es nicht verwunderlich, daß sie den Zuschlag zum Bau und zur Errichtung des Glaspalastes zu München, mit einer Grundfläche von 800 x 280 bayerische Fuß, dies sind rund 240 x 84 Meter, mit einem Gesamteisengewicht von über 30.000 Zentner, für die allgemeine Ausstellung deutscher Industrie- und Gewerbeerzeugnisse erhielt.

Werder bewies mit diesem Bau gleich wieder mehreres, auffälliges Konstruktionstalent, vollendete Material- und einwandfreie Werkstattkenntnis, ungemeine Arbeitsorganisation, perfekte Termintreue bei höchster Fertigungsgenauigkeit, musterhafte Bauaufsicht, wobei dieser Palastaufbau in nur 100 Tagen das größte Aufsehen erregte.

Aber als noch bedeutsamer gelten seine Arbeiten auf dem Gebiete des Brückenbaues. Zum einen schuf die Firma Cramer-Klett mit Werder 1852/53 bei Günzburg nach Plänen von v. Pauli die erste eiserne Eisenbahnbrücke Bayerns und zum anderen verwirklichte sie bis 1857 mit ihm für die Eisenbahnlinie München-Rosenheim-Salzburg (Maximiliansbahn) über die Isar bei Großhesselohe. Sie war damals mit 40 Meter Höhe die höchste Bahnbrücke der Welt in linsenförmiger Ausführung, gebaut für eine Doppelbahn mit je zwei Öffnungen von 54,06 und 28,22 Meter Lichtweite, den Scheitelhöhen 5,80 und 5,72 Meter; einem Totalgewicht von 619,1 Tonnen; einer Nutzung bis 1912.

Bei diesem von ihm geschaffenem Meisterwerk prägten sowohl seine innovativen, charakteristischen Tangentiallager (Bild Seite 18) sowie die so genannten „Pauliträger", ein Fachwerk-Linsenträger (Fischbauchträger) diesen Bau. Auch im Weiteren war Werders Engagement von nicht geringem Gewicht bei der glänzenden Entwicklung der Brückenbauabteilung, die 1871 rund 3.748 Tonnen Eisenkonstruktionen lieferte.

Ludwig Werder war auch der, welcher nicht nur zuerst den Wert des (neuen) Paulischen Trägersystems für den Eisenbahnbrückenbau gegenüber älteren Systemen erkannte, sondern er war auch der, der mit der von ihm in sorgfältigster Ausführung bei Großheselohe errichteten Isarbrücke, die die erste Brücke nach dem Paulischem System schuf und damit gleichzeitig auch den Grundstein für die Verbreitung der richtigen Auffassung des Systems von v. Pauli in seiner Form und der Wirkung der Kräfte in demselben legte.

Mit dem in der ersten Hälfte stark zunehmenden Eisen- und Eisenbahnbrückenbau nahmen auch in Deutschland die die Bestrebungen zu, Material wie auch ausgeführte Konstruktionen auf Sicherheit sowie Überlastung zu prüfen, verstärkend dabei wirkten die auftretenden Materialzerstörungen und Schadensfälle in den Eisenbahngesellschaften, im Maschinen-, Kessel-, Behälter- und Schiffsbau sowie beim Militär. Insbesondere durch den hohen Materialbedarf, Werkstoffproblemen sowie Unglücksfällen und Havarien bei der Eisenbahn, kam von da der Anstoß zur Entwicklung einer speziellen Materialprüfungsmaschine.

Die Forderung dazu ist wieder zu finden im Vertrag zum Bau einer hölzernen Eisenbahnbrücke nach Heve'schem System, bezeichnet nach William Howe (1803-1852), bei Waltenhofen zwischen Kempten und Immenstadt, worin bedungen war, daß alle Metallbolzen, die das Kgl. Bayer. Berg- und Hüttenamt Sonthofen dafür lieferte, beim Hersteller Klett & Comp. der Prüfung unterworfen werden sollten.

Das Bedürfnis nach besseren Unterlagen über Materialeigenschaften und Materialverhalten ergab sich außerdem auch aus dem damals angebahnten Übergang vom empirisch-handwerklichen Bauen zum wissenschaftlich begründeten Konstruieren.

In Werder sah der bekannte Brückenbauingenieur Friedrich August v. Pauli (1802-1883) von der Kgl. Bayer. Eisenbahnbau-Kommission den begabtesten Konstrukteur für eine „Maschine zum Prüfen der Festigkeit von Materialien" und ließ ihn 1852 zur Schaffung einer solchen beauftragen. Nur wenige Monate danach (im August 1852) war sein Werk für die heute noch unter dem Namen „Werder-Maschine" bekannte, einmalige „100-Mp-Universalprüfmaschine für Zug-, Druck-, Biege-, Torsion-, Schub-, Abscherungs- und Knickungsversuche in liegender Bauart, mit hydraulischer Krafterzeugung und Kraftmessung durch Hebelwaage" vollbracht. Gebaut wurde die erste W.- Maschine bei Cramer-Klett, in die Öffentlichkeit kam sie 1854 im Münchner Glaspalast, aufgrund ihrer Genialität erhielt Werder auf dieser Gewerbeausstellung die „Große goldene Denkmünze für Kunst und Wissenschaft".

Im Großen und ausgiebig wurde die erste Werder-Maschine erstmals, sehr erfolgreich zur Materialprüfung beim Bau der Großhesseloher Brücke eingesetzt. Daß sie hervorragendes konnte, dies erkannten Werkstofffachleute sehr schnell.

So kam es, daß weitere 20 Werder-Maschinen in den Jahren 1866 bis 1906 gebaut wurden, denen sich berühmte Materialforscher, neben v. Pauli auch Carl Culmann (1821- 1881), Johann Bauschinger (1834-1893), Karl v. Jenny (1819-1893), Horváth, Ignác (1843-1881), Nicolas Belelubsky (1845-1922), Ludwig Spangenberg (1814-1881), Hermann Scheit (1860-1916), Adolf Martens (1850-1914), Julius Carl v. Bach (1847–1931), Otto Berndt (1857-1940), Tabelle Seite 12, bedienten. Werder entwickelte weitere spezielle Prüfapparaturen, z. B. 1860 eine „Maschine zur Prüfung von Wagenfedern".

Eine ausführliche Beschreibung der Werder'schen Universal-Festigkeitsprüfmaschine befindet sich u. a. in der Zeitschrift „Materialprüfung" 11/1965 [7] und im von der Maschinenbau AG Nürnberg (vormals Klett & Comp.) im Mai 1882 herausgegebenen Buch „Maschine zum Prüfen der Festigkeit von Materialien" und „Instrumente zum Messen der Gestaltsveränderung der Probekörper" [3], worin insbesondere sie und ihr geschickte Aufbau gewürdigt werden.

Auf keinen Fall darf bei der Würdigung Werders großes Talent für die Erfindung praktischer Arbeitsmethoden vergessen werden, z. B. entwarf er 1859/60 überaus ansehnliche kleine hydraulische Bohrmaschinen, leichte, preiswerte Flachbohrer, flexible Fräsmaschinen, imposante laufkrangleich ausgebildete Gelenkbohr- und Seilbohrmaschinen und dies mit einem Aktionsfeld von rund 170 Meter Länge und 120 Meter Breite.

Ludwig Werder, Mitbegründer der weltweit bekanntgewordenen Firma MAN, konzipierte bei der Maschinenbaugesellschaft Klett & Co. zu Nürnberg auch Ständerbohrmaschinen mit maximalen Bohrerdurchmessern von 40 Millimetern und Vorschubgeschwindigkeiten von 0,12; 0,24 und 0,62 Millimeter·Minute^{-1} sowie einer Maschinenmasse von rund 400 Kilogramm. Bei solchen Maschinen, die seit etwa 1800 gebaut werden, legte Werder so aus, daß das Werkzeug eine gleichzeitige Dreh- und Vorschubbewegung ausführen konnte. Er konstruierte sie so, daß eine Kupplung die Drehbewegung auf die Bohrspindel überträgt. Letztere wurde von ihm in Achsrichtung für den Hand- oder Vorschubbetrieb ausgelegt. Ihre Bohrtische konnten sich in drei Richtungen bewegen, also, sie besaßen einen Kreuzsupport. Die Werderschen Ständerbohrmaschinen waren so gestaltet, daß anstelle eines Bohrers auch ein Fräser eingespannt werden konnte und mit diesen Maschinen auch einfache Fräsarbeiten ausgeführt werden konnten.

Außerdem entwickelte und baute Werder in dem ab 1865 in die Maschinenbau-Gesellschaft Nürnberg, Klett & Co. übergegangene Firma hervorragende Waffentechnik, mit den Merkmalen zügiger Fertigung und Montage, leichter Handhabung, Wartung und Pflege, wie sie auch die Königliche Bayerische Handfeuerwaffen-Versuchskommission, unter dem Feldzeugmeister Prinz Luitpold von Bayern, bewertete. Am bekanntesten wurde sein „Werder-Gewehr" (M.1869) aus dem Jahr 1867, ein Hinterlader für Metallpatronen mit Blockverschluss (Kaliber 11 Millimeter, Länge 132 Zentimeter, Gewicht mit Seitengewehr 4,4 Kilogramm, Geschoß 21,94 Gramm; 4,3 Gramm Pulvergewicht Schwarzpulververladung, Anzahl rund 127.000).

Es war dem Zündnadelgewehr überlegen und mit Genehmigung König Ludwig II. (1845-1886) vom 18. April 1869 in die bayerische Armee eingeführt, daher rührt: „So schnell schießen die Preußen nicht." Für die Überlassung der Erfindung erhielt Werder eine einmalige Entschädigung von 15.000 Gulden. Nur im Interesse einer einheitlichen deutschen Bewaffnung wurde es 1876 abgelöst. Außerdem schuf er das Gewehr M.1869 (neues Modell), den Karabiner M.1869, die Pistole M.1869, das Gendarmerie-Gewehr M.1869/1873, das Werder-Bajonett.

In seiner betrieblichen Stellung war Werder auch stark involviert in die Schaffung von Baulichkeiten und Fabrikationseinrichtungen. Mit ihm dehnte sich das Unternehmen in Nürnberg bis 1855 auf 25 Fabrikgebäude mit 267 Arbeitsmaschinen aus. Ihren Antrieb sicherten neun Dampfmaschinen mit mehr als 300 PS Leistung. Dazu gehörten auch vier Kuppelöfen der Gießerei mit 200 Beschäftigten.

Auch bei den Betriebsgebäuden war er konstruktiv beteiligt, z. B. stammte das freitragende Holzdach in amerikanischer Gitterbrückenausführung der großen Schmiedehalle aus seinem Geist und seiner Feder. In ihr waren 310 Arbeiter an 100 Schmiedefeuern mit fünf Ventilatoren, sechs Schwanzhämmern, fünf Achsendreh-, vier Dreh-, fünf Räderdrehbänken, eine Hydraulikpresse, ferner an Räder-, Bohr-, Stanz- und Nietmaschinen tätig, und aus der alten Schmiede ist besonders nennenswert eine von Werder geschaffene Schraubenschneidmaschine. Hinzu kamen 276 Arbeiter der neuen Schlosserei mit 156 Schraubstöcken, 44 Drehbänken, Geradhobel-, Rundhobel-, Stanz-, Nut-, Fräs-, dreißig Gewindeschneid-, 46 Bohrmaschinen, 20 selbsttätige Mutterndrehbänke.

Zugehörig waren eine Kesselschmiede mit Flammöfen, Blechbiege-, Rohr- und Stoßmaschinen; das Drehergebäude mit Montageraum, Schlosserei, kleiner Schmiede; die große Montagehalle mit einem Maschinenpark; die Modellschreinerei, nebst Holzbearbeitungsgebäuden mit 16 mit Dampfkraft betriebene Sägen, wo 350 Schreiner und Wagenbauer arbeiteten; die Lackiererei; Sattlerei; Drahtstiftfabrik; Verswuchsanstalt für Feder- und Pufferringe; die eigene Gasanstalt. Unter Werders technischer Leitung war das Werk bis 1857 so gewachsen, daß gleichzeitig 188 Eisenbahnwagen gebaut werden konnten.

Bezeichnend am Maschinenpark war, daß fast alle neueren Werkzeug- wie auch Spezialmaschinen von ihm konstruiert waren, wie die Werder-Kehlmaschine (1857) mit zwei waagerechten Frässpindeln für Vor- und Fertigfräsen; Werder-Hobelmaschine (1859) mit selbsttätiger Meißelumkehrung und Tischantrieb durch Stirnrad und Zahnstange für eine Hobellänge von 6,5 Meter bei zwei Meter Ständerdurchgang; Werder-Kaltsäge und Fräsmaschine (1868) mit Aufspanntisch für Längs- und Querbewegung. Und zu einer Dampfkesseleinrichtung erhielt Ludwig Werder im Jahr 1867 ein Patent; es befindet sich im Staatsarchiv Ludwigsburg – Bestand E 170 a Bü 899.

Modern war auch seine eingeführte Gasbeleuchtung, welche in zwei Gasbehältern von 9.000 bzw. 3.000 Kubikfuß vorgehalten wurde. Im Winter lag der tägliche Gasverbrauch bei 30.000 Kubikfuß.

Von Werder war für den reibungslosen Betrieb mit abzusichern, daß z. B. 1857 Material und Betriebsstoffe in Höhe von zwölf Millionen Pfund Kohle; fünf Millionen Pfund Gusseisen; sechs Millionen Pfund Schmiedeeisen; 0,6 Millionen Pfund Stahl, fünfzehn Millionen Pfund Draht; sechs Millionen Pfund Rädermaterial; 950.000 Kubikfuß Holz zur Verfügung standen. Damit wurden Geldwerte von fünf bis sechs Millionen Gulden umgesetzt, bei jährlichen zu zahlenden 700 bis 800.000 Gulden. Dazu kommt auch, Werders Verdienst ist es ebenso, daß in den Jahren von 1858 bis 1872/73 zum Betriebsergebnis das Eisenbahngeschäft 74,4 Prozent; der Maschinenbau 13,3 Prozent und Brückenbau 9,6 Prozent beitrugen. Mit eingesetzt hat er sich auch, daß das Nürnberger Maschinenbauunternehmen 1858 die ersten Werkswohnungen der Belegschaft bereitstellt werden konnten, im Jahr 1874 waren es dann bereits 152 Wohnungen für Betriebsangehörige.

Zu seiner ungemein vielseitigen Tätigkeit gehörten auch die fabrikmäßige Herstellung von Maßstäben, Schreibtafeln, Stoppuhren, Bronze auf nassem Wege sowie eines der Anatomie angepasstes mechanisches Krankenbett mit sehr kunstvollem Mechanismus. Außerdem oblag Werder auch die Materialauswahl. Dadurch, daß er sich stetig genaue Werkstoffkenntnisse erwarb, erkannte er schnell die Vorteile des Gusseisens, Schmiedeeisens und Flussstahles gegenüber dem Holz im Maschinen-, Brücken-, Hallen-, Eisenbahnbau. Seine Aufträge bei der Firma Krupp gelten deshalb auch als unterstützend für die Produktion der Eisen- und Stahlerzeugnisse bei diesem Unternehmen.

Mit 65 Jahren legte Werder die eigentliche Leitung der Fabrik nieder, wechselte in den Aufsichtsrat der am 16. April 1873 begründeten Aktiengesellschaft und richtete für seinen Sohn Jacob eine Spezialfabrik für Scharniere und feine Schlösser ein, wozu er schon in den 60er Jahren erste geniale, bis ins 20. Jahrhundert unübertroffene Maschinenkonstruktionen schuf. Mit Fug und Recht läßt sich konstatieren, Werders ungewöhnliche Tüchtigkeit spiegelt sich in all seinen Konstruktionen wieder, wobei das Bezeichnende daran ist, er konnte bei der Mehrzahl seiner in genialer Art entwickelten Maschinen und kombinierbaren Bauelemente auf keine früheren Beispiele zurückgreifen.

Über die Persönlichkeit Johann Ludwig Werder ist u. a. aus den recherchierten Quellen zu erfahren, er sei ein mittelgroßer, kräftiger, sehr stiller, ruhiger, nachdenklicher, zielstrebiger, hilfsbereiter, stets rastlos schaffender, vorbildhafter, im Konstruieren einmaliger, mit Scharf- und Weitblick sowie Ideenreichtum ausgestatteter, eine phänomenale Arbeitskraft besitzender, und dem Unternehmen treu dienender Mensch gewesen, dem heute noch alle Hochachtung gilt.

Er arbeitete nicht nur mit seinem Geist, Lineal, Zirkel, Stift, sondern auch mit seinen Händen am Schraubstock mit Feile, Hammer, Meißel an der Maschine, dies oft auch allein nachts, er tüftelte sowohl zu Hause wie auch in der Fabrik. Werder war derjenige, der das Unternehmen erst verließ, als der letzte Arbeiter die Werkstatt, der letzte Beamte das Büro verlassen hatte, demgemäß blieb wenig Zeit für Geselligkeit und Familienleben.

Trotz Schicksalsschlägen, wie die 1854 erfolgte Scheidung seiner ersten 1841 geschlossenen Ehe mit der Münchnerin Cordula Constantin, der frühe Tod zweier Töchter wie auch der seiner zweiten Ehefrau Magdalene, blieb Werder stark. Eine dritte Heirat folgte 1861 mit der Schwester seiner zweiten Gattin, namens Katharina. Und nach einem nimmermüden, vollbringenden Leben entschlief Johann Ludwig Werder am 4. August 1885 in Nürnberg, im Alter von 77 Jahren.

Da er nie etwas veröffentlichte, blieben der Nachwelt nur seine vielen Ideen und sein immenses Schaffen, verwirklicht in zahllosen Konstruktionen, Maschinen, Geräte, Arbeits- und Prüfmitteln. Weil von seiner genialen Beherrschung der Arbeitsorganisation wie auch exzellenten Führung der Massenfabrikation vieles nur temporär erhalten blieb, gilt ihm diese Würdigung und der Verweis auf die gefundenen lehrreichen Quellen über ihn. Aus alledem darin über ihn Berichtete berechtigt zur Aussage: „Johann Ludwig Werder war nicht nur einer der ersten großen Konstrukteure, sondern er gehört auch zu den größten Fabrikorganisatoren des 19. Jahrhunderts, dessen Leben nur Arbeit war."

Und, er war, wie es in einem Nachruf vom kaufmännischen Leiter, Kollegen und Firmenteilhaber Jean Kempf heißt: „Allen, namentlich der Jugend ein leuchtendes, erfolgreiches Beispiel" [in 9, S. 158]. Die wohl treffendste Leistungseinschätzung kam vom österreichischen Kommissar Reifert für die Weltausstellung Philadelphia 1876, der nach seiner Rückkehr von dieser schrieb: „Viel neues habe ich zwar gesehen …, Besseres aber als Ihre Maschinen habe ich nicht finden können" [in 9, S. 155]. Übrigens, im August 1841 erwarb Ludwig Werder die bayerische Staatsangehörigkeit.

Übrigens, im August 1841 erwarb Ludwig Werder die bayerische Staatsangehörigkeit. Auch seiner gedacht wird in Nürnberg seit 1911 mit der für Arbeiter und Angestellte von MAN errichteten Siedlung „Werderau" und in München seit 1957 mit dem Straßennamen „Ludwig-Werder-Weg". Von Werder wurde auch Historische bewahrt, z. B. wandelte er die Satzinger Mühle in Nürnberg (auch Mögeldorfer Mühle, 16. Jh.), genutzt als Getreidemühle, später Walkmühle, Papiermühle, mit Maschinen von Klett & Co. 1863 in eine Kunstmühle um. All dies zu sagen, ist Zweck dieser Würdigung.

1 bay. Gulden = 1,72 M; 1 bay. Centner = 56 kg; 1 bay. Fuß = 0,29186 m.

Die Werdersche Universal-Festigkeitsprüfmaschine in der EMPA in Dübendorf (Schweiz).

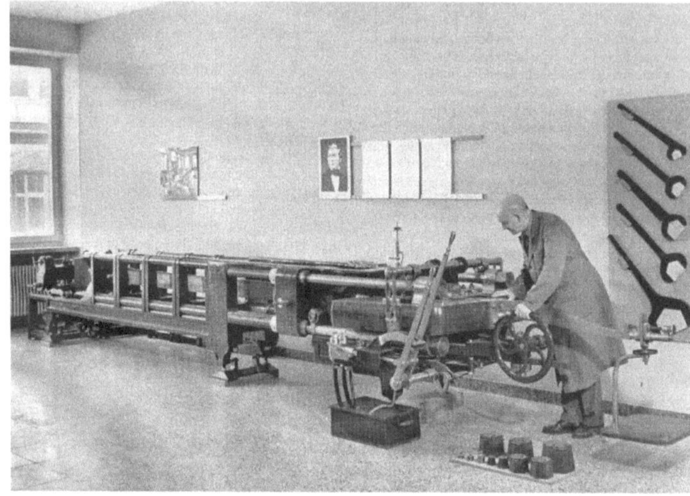

Die Werdersche Universal-Festigkeitsprüfmaschine in der EMPA in Dübendorf (Schweiz) [8].

Parameter	Einheit	Größe
Größte Prüfkraft	kp	100.000
Größtes Biegemoment	mkp	75.000
Größtes Torsionsmoment	mkp	6.000
Kolbenhub	mm	350
Einspannlänge für Zugversuche	mm	9.500
Druckplattengröße	mm^2	300x300
Druckplattenabstand im Druckraum	mm	350
Druckplattenabstand für Knickversuche	mm	8.000
Biegeauflagerabstand	mm	3.000
Biegeauflagerbreite	mm	300
Einspannlänge für Torsionsversuche	mm	1.300

Technische Daten der Werderschen Universalprüfmaschine [7].

Die zu sehende Werder-Maschine der EMPA (Eidgenössische Materialprüfungsanstalt) ist die zweite von den insgesamt 21, die gebaut worden sind. Sie wurde im Sommer 1866 in der Hauptwerkstätte der Schweizerischen Zentralbahn in Olten zur Erprobung der Festigkeitsverhältnisse von Baumaterialien aufgestellt, womit der eigentliche Grundstein zur Schaffung der EMPA gelegt worden war. Ausgangspunkt dafür war das Bedürfnis nach besseren Unterlagen über die Eigenschaften und das Verhalten des Materials, das sich aus dem damals sich angebahnten Übergang vom empirisch-handwerklichen Bauen zum wissenschaftlich begründeten Konstruieren des Ingenieurs ergab. Die Tafel auf der Folgeseite informiert über die Empfänger der Werder'schen Universal-Prüfungsmaschinen des Zeitraumes 1852 bis 1906.

[8] Amstutz, Ed.: 100 Jahre Werder'sche Universal-Festigkeitsprüfungsmaschine der EMPA. Schweizer Archiv 32(1966), Nr. 12, S. 377/379, hier S. 377.
[7] Nüßlein, R.: Die Geschichte der ersten deutschen Universalprüfmaschine. Materialprüfung 7(1965), Nr. 11, S. 425/432, hier S. 430.

Nr.	Lieferjahr	Empfänger und Bemerkungen
1	1852	Kgl. Bayer. Eisenbahnbau-Commission, OBR Friedrich August von Pauli (1802-1883) [*]
2	1866	Eidgenössisches Polytechnikum Zürich, Prof. Dr. Carl Culmann (1821-1881)
3	1867	Etablissement Schneider und Comp. in Le Creusot
4	1871	Mechanisch-Techn. Lab. der Polytechnische Schule München, Prof. Johann Bauschinger (1834-1893)
5	1873	Polytechn. Institut Wien, Prof. Karl von Jenny (1819-1893)
6	1875	Polytechn. Institut Budapest, Prof. Horváth, Ignác (1843-1881)
7	1876	Comptoir der schwedischen Eisenindustriellen, Stockholm
8	1876	Maschinenbau Actien-Gesellschaft Nürnberg
9	1877	Ing.-Institut für Wege- und Brückenbau, St. Petersburg, Prof. Nikolai A. Belelubsky (1845-1922)
10	1878	Kgl. GD der schwedischen Staatsbahnen, Stockholm
11	1878	Kgl. Preußische. Gewerbeakademie Berlin, Prof. Ludwig Spangenberg (1814-1881)
12	1880	Kgl. Preußische Geschützgießerei, Spandau
13	1882	Kgl. Bayer. Geschützgießerei, Ingolstadt
14	1885	Kgl. Sächs. Mechanisch-Technischen Versuchsanstalt Dresden, Geh.-R. Prof. Hermann Scheit (1860-1916)
15	1896	Polytechnisches Institut Kaiser Nicolaus II, Warschau
16	1898	Polytechnisches Institut Kiew
17	1899	Technische Hochschule Charkow
18	1903	Kgl. MPA der TH Berlin in Groß-Lichterfelde-West, Geh.-R. Prof. Adolf Martens (1850-1914)
19	1903	Großherzoglich Technische Hochschule Braunschweig
20	1905	MPA an der Kgl. Technischen Hochschule Stuttgart, Prof. Julius Carl von Bach (1847–1931)
21	1906	Technischen Hochschule Darmstadt, Prof. Otto Berndt (1857-1940)

[*] Die erste Werdermaschine hat seit 1919 ihren Ehrenplatz im Nürnberger Verkehrsmuseum.

Lieferverzeichnis der Werderschen Universalprüfmaschinen [7].

Beschrieben wurde die Werdersche Universalprüfmaschine in dem Buch: „Maschine zum Prüfen der Festigkeit der Materialien" und „Instrumente zum Messen der Gestalts-Veränderung der Probekörper.", herausgegeben von der Maschinenbau-Actien-Gesellschaft Nürnberg vormals Klett & Comp. [3]. Das Titelblatt wie auch die Inhaltsangabe des Buches geben die Folgeseiten wieder.

[7] Nüßlein, R.: Die Geschichte der ersten deutschen Universalprüfmaschine. Materialprüfung 7(1965), Nr. 11, S. 425/432, hier S. 430.
[3] Maschine zum Prüfen der Festigkeit der Materialien, konstruiert von Ludwig Werder, Instrumente zum Messen der Gestalts-Veränderung der Probekörper, construiert von Johann Bauschinger. Herausgeber: Maschinenbau-Actien-Gesellschaft Nürnberg vormals Klett & Comp., Nürnberg, im Mai 1882.

MASCHINE
ZUM PRÜFEN DER FESTIGKEIT
DER MATERIALIEN

CONSTRUIRT

VON

LUDWIG WERDER,

AUSGEFÜHRT

VON DER

MASCHINENBAU-ACTIEN-GESELLSCHAFT NÜRNBERG

VORMALS

KLETT & COMP.

UND

INSTRUMENTE ZUM MESSEN
DER GESTALTS-VERÄNDERUNG
DER PROBEKÖRPER

CONSTRUIRT

VON

JOH. BAUSCHINGER,

AUSGEFÜHRT IM MECHANISCH-TECHNISCHEN LABORATORIUM DER K. TECHNISCHEN HOCHSCHULE
IN MÜNCHEN.

MÜNCHEN, 1882.

KGL. HOF- UND UNIVERSITÄTS-BUCHDRUCKEREI VON DR. C. WOLF & SOHN.

Titelblatt zum Buch: Maschine zum Prüfen der Festigkeit der Materialien, konstruiert von Ludwig Werder, Instrumente zum Messen der Gestalts-Veränderung der Probekörper, construiert von Johann Bauschinger [3].

[3] Maschine zum Prüfen der Festigkeit der Materialien, konstruiert von Ludwig Werder, Instrumente zum Messen der Gestalts-Veränderung der Probekörper, construiert von Johann Bauschinger. Herausgeber: Maschinenbau-Actien-Gesellschaft Nürnberg vormals Klett & Comp., Nürnberg, im Mai 1882.

Inhalt des Buches: „Maschine zum Prüfen der Festigkeit der Materialien und Instrumente zum Messen der Gestalts-Veränderung der Probekörper."

„Maschine zum Prüfen der Festigkeit der Materialien" construiert von Ludwig Werder, ausgeführt von der Maschinenbau-Actien-Gesellschaft vormals Klett & Comp. und „Instrumente zum Messen der Gestalts-Veränderung der Probekörper" construiert von Johann Bauschinger, ausgeführt im mechanisch-technischen Laboratorium der k. Technischen Hochschule in München. – München, 1882. Kgl. Hof- und Universitätsdruckerei von Dr. C. Wolf & Sohn. Herausgeber: Maschinenbau-Actien-Gesellschaft Nürnberg vormals Klett & Comp. Nürnberg, im Mai 1882 [3].

I. Beschreibung der Maschine.

1. Die hydraulische Presse und die Waage.

2. Vorrichtung für Versuche über Zugfestigkeit.

3. Vorrichtung für Versuche über Druckfestigkeit.

4. Vorrichtung für Versuche über Biegungsfestigkeit.

5. Vorrichtung für Versuche über Torsionsfestigkeit.

6. Vorrichtung für Versuche über Schub- und Abscherungsfestigkeit.

7. Vorrichtung zu Versuchen über Zerknickungs- und Säulenfestigkeit.

9. Laufkran.

II. Beschreibung der Messinstrumente.

1. Apparat zur Messung der durch Druck oder Zug hervorgebrachten Längenänderungen.

2. Apparat zur Messung der Durchbiegung von auf Biegungsfestigkeit geprüfter

   Probestücken.

3. Apparat zur Messung der Verwindung von auf Torsion geprüften Probestücken.

4. Apparat zur Messung der Ausbiegung solcher Probestücke, die auf Zerknickung geprüft

   werden.

[3] Maschine zum Prüfen der Festigkeit der Materialien, konstruiert von Ludwig Werder, Instrumente zum Messen der Gestalts-Veränderung der Probekörper, construiert von Johann Bauschinger. Herausgeber: Maschinenbau-Actien-Gesellschaft Nürnberg vormals Klett & Comp., Nürnberg, im Mai 1882, hier S. 5/12.

Schematischer Aufbau der Werder-Maschine.

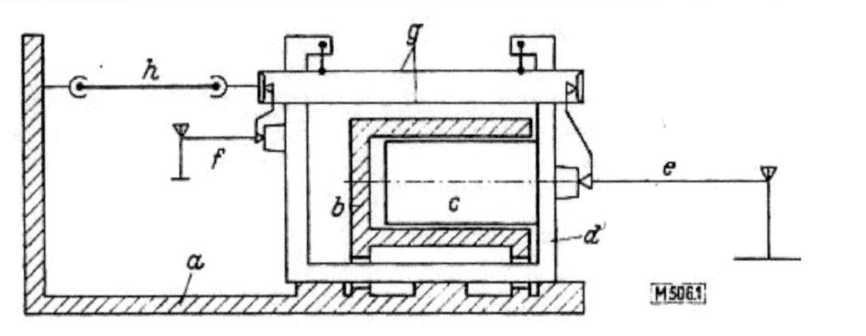

Schematischer Aufbau der Werder-Maschine [7].

a - Grundgestell b – Arbeitszylinder c – Kolben d - Schlitten e - Hebelwaage für die Kraftmessung
f Kontrollwaage g - Zugstangen h – Prüfstück

Ludwig Werder war ein Mensch mit besonderem Geschäftsgeist, enormer Erfindungsgabe, der mit außergewöhnlicher Gestaltungskraft die erste deutsche Universalprüfmaschine schuf. Sie wird allgemein als die Meisterleistung seiner 37jährigen Tätigkeit in der Nürnberger Maschinenfabrik von Klett-Cramer angesehen. Dem Erfordernis der industriellen Revolution aus dem zweiten Drittel des 19. Jahrhunderts wie auch dem Wunsch von dem weithin bekannten Brückenbau-Ingenieur Oberbaurat Friedrich August von Pauli (1802-1883) von der Kgl. Bayerischen Eisenbahnbau-Kommission folgend, konstruierte Johann Ludwig Werder (1808-1885) im Jahr 1852 eine solche Maschine zum Prüfen der Festigkeit von Materialien, die im August d. J. an den Auftraggeber, die Kgl. Bayerische Eisenbahn-Kommission geliefert wurde.

Den schematischen Aufbau der Werder-Maschine zeigt das obige Bild. Zuerst eingesetzt wurde sie zu der Prüfung von runden Zugbolzen bei der alten hölzernen Kemptener Eisenbahnbrücke über die Iller nach dem System Howe (d. s. Fachwerkbrücken, mit hölzernen Gurten und Diagonalstreben sowie lotrechten schmiedeeisernen Zugstreben). Über die ersten Versuche mit der Werder-Maschine berichtete Friedrich August von Pauli im Kunst- und Gewerbeblatt für Bayern [__]. Ein Auszug dazu beinhaltet die Folgeseite 16.

Aus dem Schema lässt sich erkennen, wie Werder „die Waage so anzuordnen verstand, daß die Kraftmessung von der Reibung zwischen Schlitten und Grundgestell nicht gefälscht wird. Der Hebelarm der 1 : 500 übersetzten Kraftmesswaage beträgt nur wenige Millimeter und kann mit der 1 : 10 übersetzten Kontrollwaage genau einreguliert werden" [8].

„Das Geniale an Werders Konstruktion war die Anordnung der Elemente zur Kraftmessung außerhalb derer zur hydraulischen Krafterzeugung, so daß jene unabhängig von der Kolben- und Schlittenreibung geblieben sind. Neu war ferner die Anordnung einer Kontrollwaage innerhalb des Messsystems, mit deren Hilfe das wirksame Übersetzungsverhältnis des Hauptwaagenhebels ermittelt werden konnte" [7].

[7] Nüßlein, R.: Die Geschichte der ersten deutschen Universalprüfmaschine. Materialprüfung 7(1965), Nr. 11, S. 425/432, hier S. 426/427.
[8] Amstutz, E.: 100 Jahre Werdersche Universal-Festigkeitsprüfungsmaschine der EMPA. Schweizer Archiv 32(1966), S. 377/379.

Auszug aus dem „Beitrag zur Kenntnis des bayerischen Eisens" von v. Pauli.

„In neuerer Zeit spielt das Eisen in den Construktionen eine sehr bedeutende Rolle, und es wird immer mehr, je wohlfeiler dasselbe zu haben seyn wird. Schon gegenwärtig hat der Eisenverbrauch eine Höhe erreicht, von welcher man vor einem Viertel-Jahrhundert keine Ahnung hatte. Je ausgedehnter die Anwendung des Eisens sich gestaltet, umso mehr muß jede bestimmte Erfahrung, jede verlässige Ermittlung der Eigenschaften desselben willkommen seyn, wenn dieselben sich auch nur auf eine gewisse Gattung von Eisen bezieht. Es geben solche Mittheilungen Anlaß, theils zu Vergleichungen mit anderen bereits vorliegenden Erfahrungen, theils zur Sammlung von neuen Beobachtungen. Dies ist der Zweck gegenwärtiger Veröffentlichung.

Der Gegenstand ist *die Elasticität und die absolute Festigkeit von runden Schraubenbolzen aus gehämmertem Holzkohlen-Eisen*, welche das königliche bayerische Berg- und Hütten-Amt *Sonthofen* zum Bau einer hölzernen Eisenbahnbrücke nach Have'schem System bei Waltenhofen zwischen Kempten und Immenstadt geliefert hat.

In dem Lieferungsvertrage war bedungen, daß alle Bolzen einer Probe unterzogen werden sollten. Zuvörderst sollte an einer entsprechenden Anzahl Bolzen die Gränze der Elasticität dieses Eisens bei vollkommen ruhiger Belastung ermittelt werden. Hierauf sollten alle anderen Bolzen mit 70 Procent derjenigen Last gespannt werden, welche der Elasticitätsgränze entspricht, und in diesem Zustande mit einem schweren Handhammer in Abständen von 1 ½ bis 2 Schuhen stark geprellt werden. Jeder Bolzen, welcher diese Probe ohne Verletzung aushält, sollte angenommen werden.

Zur Vornahme dieser Versuche wurde eigens eine Maschine in der Maschinenwerkstätte von Klett und Comp. in Nürnberg durch den dortigen Maschinenmeister Hrn. Werder entworfen und ausgeführt. Dieser geniale Constructeur hat bekanntlich bereits viele Maschinen, Anrichtungen und Werkzeuge ausgeführt, welche mit Recht die Bewunderung aller Männer des Faches auf sich zogen. Die hier in Rede stehende Bolzprob-Maschine ist des Meisters gleich würdig, sowohl hinsichtlich der Einfachheit und Zweckmäßigkeit, als der Genauigkeit der Ausführung.

Ein Winkelhebel von 500facher Uebersetzung hat seinen Stützpunkt an dem Kolben einer hydraulischen Presse und zieht am kurzen Hebelarm mittelst eines starken Ziehkopfes das eine Ende des zu untersuchenden Bolzens, indessen das andere an dem entgegengesetzten Ende der der Maschine festgehalten wird. Der größere Arm des Winkelhebels ist 5 Fuß lang und steht waagerecht. Ist die Waagschale desselben mit irgendeinem Gewichte belastet, so hat man nur mittelst der hydraulischen Presse den Stützpunk des Winkelhebels so lange vorwärts zu treiben, bis der Hebelarm nach einer angebrachten Libelle waagerecht steht. – Zu der Maschine gehört ein Apparat, um die Ausdehnung der Eisenstäbe zu messen. An einem Kreisbogen zeigt ein Zeiger das Zwanzigfache der wirklichen Längenveränderungen, und zwar ohne allen sogenannten todten Gang, da der Zeiger durch Reibung und nicht durch Verzahnung in Bewegung gesetzt wird.

Auf dieser Maschine können Bolzen bis zu 20 Fuß Länge untersucht werden. Sie ist gebaut um eine Spannung bis zu 2.500 Zoll-Centner auszuüben. Hinsichtlich der Genauigkeit mag es genügen anzuführen, daß bei einer Spannung von 710 Centner eine Zuthat von 5 Centner, also von 1/142, noch immer die Längenveränderung von 1/100.000 bestimmt beobachtet werden konnte. …

Bei Ermittlung der elastischen Ausdehnung umfaßte der Meßapparat nur 16 Fuß reinen Bolzenschaftes; alle Bewegungen in den Muttern, im Ziehkopf usw. waren ganz und gar von der Beobachtung ausgeschlossen."

[11] Pauli, F. A. v.: Beitr. zur Kenntnis des bayer. Eisens, Dinglers Polytechnisches Journal 128(1853), S. 19/35.
[12] Pauli, F. A. v.: Beitr. zur Kenntnis des bayer. Eisens. Kunst- u. Gewerbeblatt für Bayern, 1(1853), Sp. 4/25.

Hebelwaage 1 : 500 und Kontrollwaage 1 : 10 der Werder-Maschine.

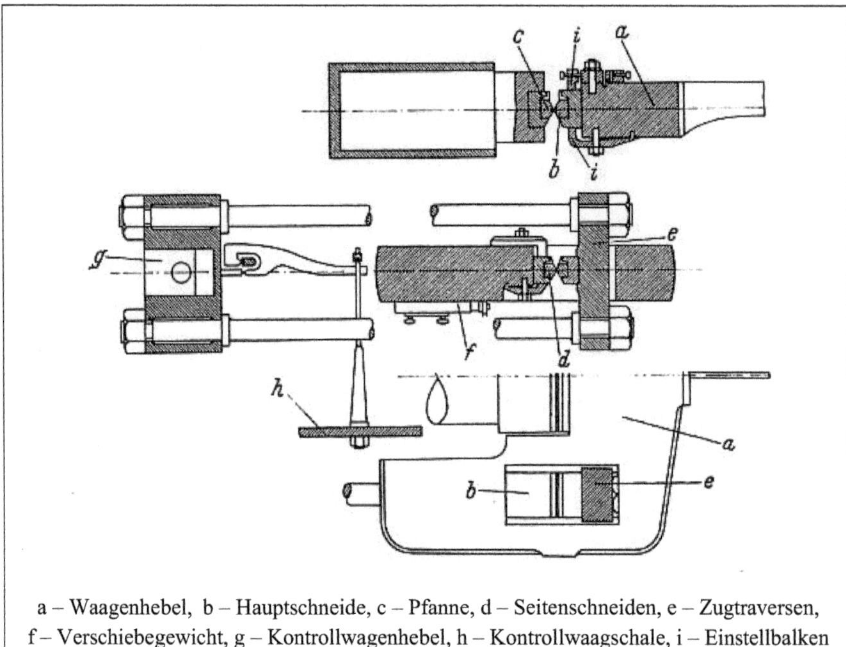

a – Waagenhebel, b – Hauptschneide, c – Pfanne, d – Seitenschneiden, e – Zugtraversen,
f – Verschiebegewicht, g – Kontrollwagenhebel, h – Kontrollwaagschale, i – Einstellbalken

Hebelwaage 1 : 500 und Kontrollwaage 1 : 10 der Werder-Maschine [7].

„Die von Werder 1852 konstruierte Hebelwaage war mehrere Jahrzehnte vorbildlich für den Prüfmaschinenbau. Er verwendete für die Waage lediglich einen Hebel, der auf Grund seines Übersetzungsverhältnisses 1 : 500 bei einer Prüfkraft von 100.000 Kilopond eine Gewichtsbelastung der Waagschale von nur 200 Kilopond erforderte. Die Länge des großen Hebelarms, an dem die Waagschale aufgehängt ist, beträgt 1.500 Millimeter, die des kurzen Hebelarms zwischen der Schneide an der Kolbentraverse und denjenigen, an denen die Zugstangentraversen anliegen, nur drei Millimeter." [7]

Einige wichtige Einzelheiten der Konstruktion der ersten deutschen Universalprüfmaschine gehen aus der Übersichtszeichnung der Werder-Maschine auf Seite 17 hervor. Alle Details beinhalten der Text- und Anlagenteil des Buches „Maschine zum Prüfen der Festigkeit der Materialien" und „Instrumente zum Messen der Gestalts-Veränderung der Probekörper" [3].

[3] Maschine zum Prüfen der Festigkeit der Materialien, konstruiert von Ludwig Werder, Instrumente zum Messen der Gestalts-Veränderung der Probekörper, construiert von Johann Bauschinger. Herausgeber: Maschinenbau-Actien-Gesellschaft Nürnberg vormals Klett & Comp., Nürnberg, im Mai 1882, hier S. 5/12.
[7] Nüßlein, R.: Die Gesch. der ersten dt. Universalprüfmaschine. Mat.-pr. 7(1965), S. 425/32, hier S. 427 + 429.

Übersichtszeichnung der Werder-Maschine.

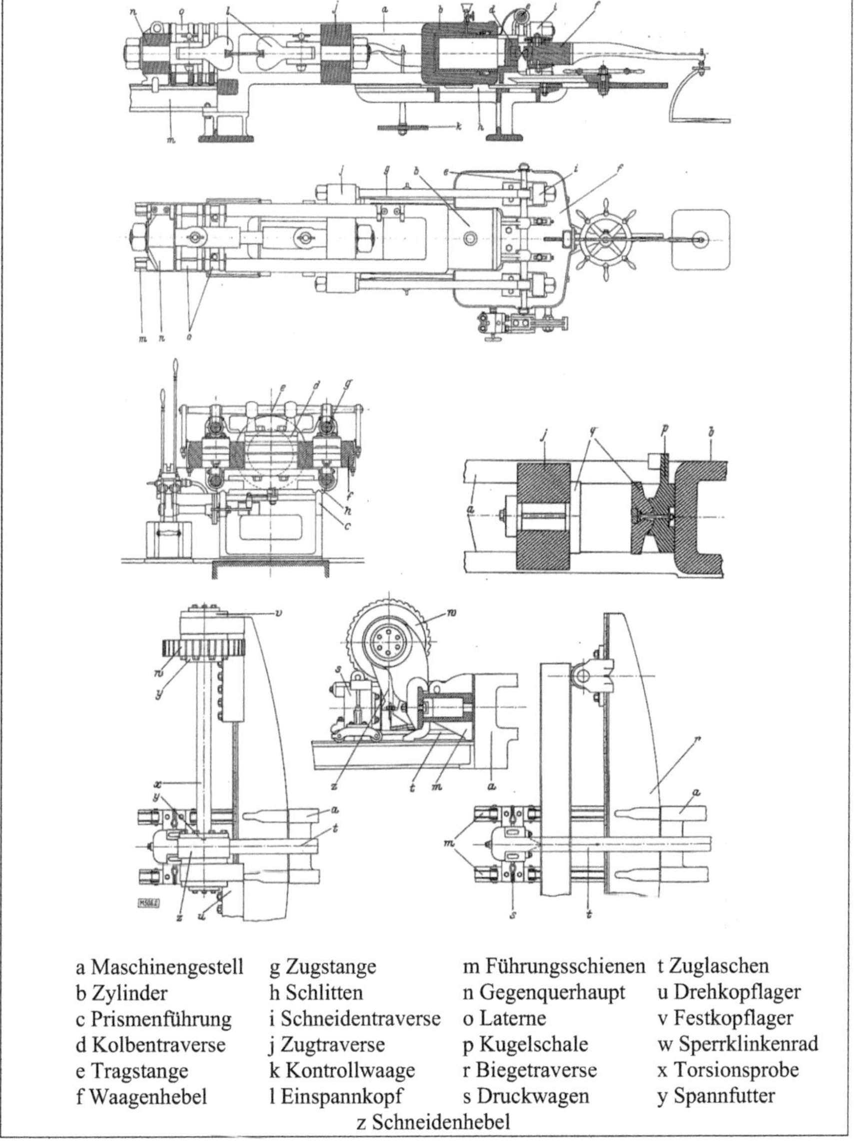

a Maschinengestell	g Zugstange	m Führungsschienen	t Zuglaschen
b Zylinder	h Schlitten	n Gegenquerhaupt	u Drehkopflager
c Prismenführung	i Schneidentraverse	o Laterne	v Festkopflager
d Kolbentraverse	j Zugtraverse	p Kugelschale	w Sperrklinkenrad
e Tragstange	k Kontrollwaage	r Biegetraverse	x Torsionsprobe
f Waagenhebel	l Einspannkopf	s Druckwagen	y Spannfutter
		z Schneidenhebel	

Übersichtszeichnung der Werder-Maschine [7].

[7] Nüßlein, R.: Die Geschichte der ersten dt. Universalprüfmaschine. Mat.-pr. 7(1965), S. 425/432, hier S. 428.

Das Werdersche Tangentiallager der Großhesseloher Brücke.

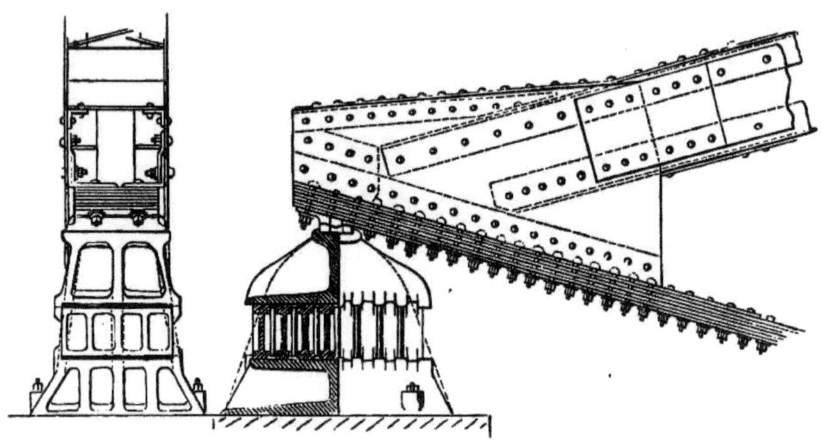

Das Werdersche Tangentiallager der Großhesseloher Brücke [2].

Werders besonderes Verdienst bei der Konstruktion wie auch dem Bau der Großhesseloher Brücke über die Isar liegt einerseits in der Verwirklichung des von Pauli-Systems im Brückenbau und andererseits im speziellen, von ihm geschaffenen (ober zu sehenden) Werderschen Tangentiallager. Das Besondere daran ist: „Neben der tangentialen Lagerung, welche die Auflagerkräfte der Lage nach bestimmte, sind für die Werdersche Konstruktion die hohen Stelzen, deren Wert er erkannte, charakteristisch" [5].

[2] Pauli, F. A. v.: Die Isarbrücke bei Großheselohe. Allgemeine Bauzeitung 24(1859), S. 82/92, Ill. Bl. 246/247, S. 87, hier Ausschnitt aus dem Blatt 247, Internet-Link: anno.onb.ac.at/zeitungen.htm.
[5] Mattschoss, C.: Geschichte der Maschinenfabrik Nürnberg. Die Begründung und Entwicklung der Werke Nürnberg und Gustavsburg der Maschinenfabrik Augsburg-Nürnberg AG (MAN). Beträge Geschichte der Technik Industrie 5(1913), S. 244/97, hier S. 267/268.

Die Maximilians Getreidehalle München.

Die Maximilians Getreidehalle München [19].

Die Schrannenhalle in München, deren offizieller Name Maximilians-Getreide-Halle war, wurde in den Jahren 1851 bis 1853 vom deutschen Architekten und Münchner Stadtbaurat Franz Karl (Carl) Muffat (1797-1868) als Getreidehalle in der Nähe des Viktualienmarktes errichtet. Sie war die erst Eisenbaukonstruktion in der Bayernresidenz, bei der Guss- und Schmiedeeisenteile im Gewicht von 1.125.299,61 Pfund; davon 724 Gusseisenteile (wie Säulen, Tragbalken, Fenstersäulen, Rosetten, Platten, Verzierungen) mit 733.780,24 Pfund, 43.926 Schmiedeeisenteile (wie Sparren, Anker, Winkel, Stangen, Dachlatten, Bänder, Platten, Rahmen, Halterungen, Schrauben, Muttern, Bolzen, Keile, Scheiben) mit 302.587,25 Pfund und Blechtafeln mit 88.932,12 Pfund (u. a. mit 55.076 Quadrat-Fuß Blechdeckung mit 82.614 Pfund, außerdem 1.124 lfd. Fuß Dachrinnen mit 2.529 Pfund sowie 1.034 Wülste mit 3.789,12 Pfund) verbaut wurden. Die Kosten beliefen sich auf 800.000 Gulden.

Für diesen Großbau, benannt nach Joseph Maximilian II. von Bayern (1811-1864), dem Auftraggeber dieses Baues, stellte Ludwig Werder in der Klettschen Fabrik zu Nürnberg die benötigten zahlreichen gleichartigen Teile Eisenteile in Serienfertigung her. Sowohl dieser aus München gekommene Auftrag wie auch die aus den Jahren 1851 bis 1853 zur Errichtung des königlichen Wintergartens und des Münchner Glaspalastes, ähnlich dem Londoner Kristallpalast, in Bayerns Metropole waren für Werder nicht nur hinsichtlich des Hochbaues eine Herausforderung, sondern auch für die Fabrikorganisation.

[19] Muffat, F. K. v.: Die Maximilians-Getreidehalle zu München. Allgemeine Bauzeitung (1856), S. 7/17, Ill. S. 4/11, hier Ill. S. 4 und Ausschnitt aus S. 5.

Der Glaspalast zu München.

Der Glaspalast zu München. Ansicht von Nordwesten – vor 1932 [21].

Der von Werder für die allgemeine Ausstellung deutscher Industrie- und Gewerbeerzeugnisse gefertigte und errichtete Münchner Glaspalast war eine langgestreckte rechteckige Eisen-Glas-Konstruktion, in Form einer fünfschiffigen und im Hauptbau zweigeschossige Halle mit Querschiff in der Mitte und rechteckigen Anbauten an den Enden des Längsschiffes, der eine Länge von 234 Meter und eine Breite von 67 Meter sowie eine Höhe von 25 Meter hatte. Sein Baukörper war gänzlich aus Glas, Guss- und Schmiedeeisen erbaut, also auf ein tragendes Mauerwerk war verzichtet worden, wobei das Gesamteisengewicht des Glaspalastes über 30.000 Zentner betrug. Baubeginn für diesen Palast war am 31. Dezember 1853 und nach genau zwei Monaten war das Fundament fertig, schon drei Monate danach war die Gusseisen-Konstruktion errichtet und bereits am 7. Juni 1854 konnte mit der Montage der 37.000 Glastafel begonnen werden. Ludwig Werders Meisterwerk in Eisen und Glas, in nur 100 Tagen errichtet, erregte nicht nur große Bewunderung, sondern mit dieser Eisen-Glas-Konstruktion schuf er ein Symbol des Fortschritts im Bauen inmitten des 19. Jahrhunderts. Und Cramer-Klett wurde durch König Maximilian II. für diese Unternehmensleistung mit der Verleihung des persönlichen Adels geehrt.

[21] Der Glaspalast in München. Ausschnitt der Ansicht von Nordwesten - vor 1932. Quelle: Uni Trier. Internetlink: Glaspalast – Wikipedia. De.wikipedia.org/wiki/Glaspalast. Datei: Glaspalast Muenchen.jpg.

Das Werder-Gewehr M.1869.

Johann Ludwig Werder (1808-1885) legte im Jahr 1867 der Königlich Bayerischen Handfeuerwaffen-Versuchskommission, unter dem Feldzeugmeister Prinz Luitpold Karl Joseph Wilhelm von Bayern (1821-1912), einen von ihm konstruierten und gebauten, expressiven neuen Hinterlader vor, der speziell für den Einsatz von Metallpatronen mit Zentralzündung konstruiert war. Werders Gewehr wurde bis zum Frühjahr des Jahres 1869 in verschiedenen Truppenteilen der bayerischen Armee erprobt und mit Allerhöchster Entscheidung von König Ludwig II. (1845-1886) vom 18. April 1869 offiziell in diese eingeführt.

Das Werder-Gewehr war mit den Merkmalen zügige Fertigung und Montage, leichter Handhabung, Wartung und Pflege von Johann Ludwig Werder in der im Jahre 1865 firmierten Maschinenbau-Gesellschaft Nürnberg, Klett & Co. (vormals Klett & Comp.) geschaffen worden. Es war dem Zündnadelgewehr überlegen, woraus rührt: „So schnell schießen die Preußen nicht." Von diesem Hinterlader für Metallpatronen 11x50 R mit Blockverschluss (Kaliber 11 Millimeter, Länge 132 Zentimeter, Gewicht mit Seitengewehr 4,4 Kilogramm, Geschoß 21,94 Gramm; 4,3 Gramm Pulvergewicht der Schwarzpulververladung, Anzahl der gefertigten Gewehre rund 127.000). Ihre Serienproduktion war bis zum Krieg von 1870 so weit fortgeschritten, daß die bayerischen Jägerbataillone sowie Infanterie- und Kavallerieverbände mit Werdergewehren und –karabinern ausgerüstet werden konnten.

Neben der bekanntesten von ihm entwickelten Waffe, dem „Werder-Gewehr" (M.1869) aus dem Jahr 1867, schuf Werder das Gewehr M.1869 (neues Modell), den Karabiner M.1869, die Pistole M.1869, das Gendarmerie-Gewehr M.1869/1873, das Werder-Bajonett.

Nur im Interesse einer einheitlichen deutschen Bewaffnung wurde nach der Reichsgründung 1871 das Werder-Gewehr bis Ende 1876 abgelöst und die vorhandenen Werder-Gewehre an die preußische Patrone 11,16x60 R angepasst. So mussten von Dezember 1875 bis Oktober 1876 über 124.000 Gewehre umgerüstet werden, die dann als M.1869 apt. (aptiert) bezeichnet wurden.

Für die Überlassung der Erfindung verlangte Werder eine einmalige Entschädigung von 15.000 Gulden und das Recht anderweitiger Verwertung.

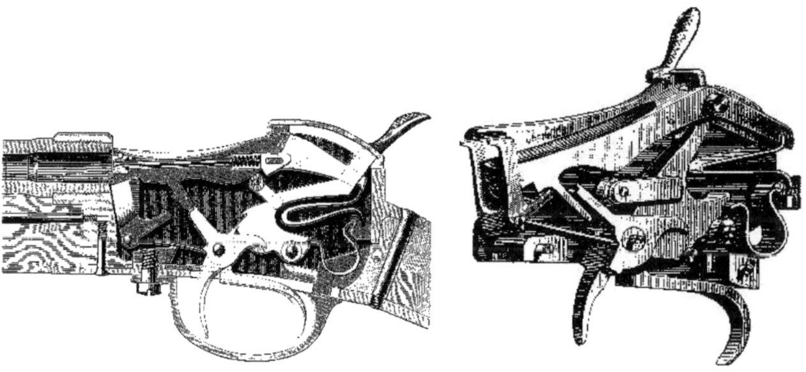

Werder-Gewehr M.1869, geschlossen und gespannt [15]. Werder-Gewehr M.1869, abgefeuert und geöffnet [15].

[15] Meyers Konversations-Lexikon. Achter Band. Handfeuerwaffen, S. 102/110, Handfeuerwaffen Beilage II, Fig. 11 + 12, System Werder (Bayern). Leipzig : Verlag des Bibliographischen Instituts 1887,

Literatur.

[1] Gerber, H.: Das Paulische Trägersystem und seine Anwendung auf Brückenbauten, Nürnberg: Fr. Campe & Sohn 1859.

[2] Pauli, v.: Die Isarbrücke bei Großheselohe. Allgemeine Bauzeitung 24(1859), S. 82/92, Ill. 246/247, S. 87. Internet-Link: anno.onb.ac.at/cgi-content/anno-plus?aid=abz.

[3] Maschine zum Prüfen der Festigkeit der Materialien, construiert von Ludwig Werder, ausgeführt von der Maschinenbau-Actien-Gesellschaft Nürnberg vormals Klett & Comp. und Instrumente zum Messen der Gestalts-Veränderung der Probekörper, construiert von Joh. Bauschinger, ausgeführt im mechanisch-technischen Laboratorium der k. Technischen Hochschule in München. München, 1882. Kgl. Hof- und Universitäts-Buchdruckerei von Dr. C. Wolf & Sohn.

[4] Bösch, H.: Geschichte der Maschinenbau-Aktiengesellschaft Nürnberg mit Filiale Gustavsburg und der Nürnberger Drahtstiftenfabrik Klett & Co., Nürnberg 1895.

[5] Mattschoss, C.: Geschichte der Maschinenfabrik Nürnberg. Die Begründung und Entwicklung der Werke Nürnberg und Gustavsburg der Maschinenfabrik Augsburg-Nürnberg AG (MAN). Beträge Geschichte der Technik Industrie 5(1913), S. 244/97.

[6] Mattschoss, C.: Große Ingenieure, Lebensbeschreibungen aus der Geschichte der Technik, München/Berlin: Lehmanns Verlag 1942, S. 219. München : Lehmann 1937.

[7] Nüsslein, R.: Die Geschichte der ersten deutschen Universalprüfmaschine. Materialprüfung 7(1965), S. 425/431.

[8] Amstutz, E.: 100 Jahre Werdersche Universal-Festigkeitsprüfungsmaschine der EMPA. Schweizer Archiv 32(1966), S. 377/379.

[9] Dietrich, R.: Ludwig Werder. Einer der großen Ingenieure des neunzehnten Jahrhunderts. Technikgeschichte 25(1968), S. 148/159.

[10] Nürnberger Maschinenfabrik Cramer-Klett. Augsburger Allgemeine Zeitung 1857, Beilagen 312, 313.

[11] Pauli, F. A. v.: Beitrag zur Kenntnis des bayerischen Eisens. Dinglers polytechnisches Journal 78(1853) Nr. 1, S. 19/35.

[12] Pauli, F. A. v.: Beitrag zur Kenntnis des bayerischen Eisens. Kunst- und Gewerbeblatt für Bayern, 1/1853, Sp. 4/25.

[12] Dickmann, H.: Werkstofffragen beim Bau einer Stahlbrücke vor 130 Jahren. Stahl und Eisen 77(1957), S. 81/86.

[13] Ruske, W.; Becker, G. W., Czichos, H.: BAM – Die Chronik: 125 Jahre Forschung und Entwicklung, Prüfung, Analyse, Zulassung, Beratung und Information in Chemie- und Materialtechnik. Hrsg. BAM Bundesanstalt für Materialforschung und –prüfung. Berlin 1996.

[14] Kempf: Aufsichtsratssitzung vom 3.November 1885. Technikgeschichte 35(1968), S. 158.

[15] Meyers Konversations-Lexikon. Achter Band. Handfeuerwaffen, S. 102/110, mit den Beilagen: Handfeuerwaffen I bis III. Leipzig : Verlag des Bibliographischen Instituts 1887.

[16] Meyers Konversations-Lexikon. Sechzehnter Band. Werder, Werder-Gewehr, S. 534/535. Leipzig : Verlag des Bibliographischen Instituts 1890.

[17] Meyers Lexikon. Fünfter Band. Handfeuerwaffen, Sp. 1049/1055. Beilagen: Handfeuerwaffen I bis III. Leipzig : Verlag des Bibliographischen Instituts 1926.

[18] Meyers Lexikon. Zwölfter Band.Werder-Gewehr, Sp. 1278. Leipzig : Verlag des Bibliographischen Instituts 1930.

[19] Muffat, F. K. v.: Die Maximilians-Getreidehalle zu München. Allgemeine Bauzeitung (1856), S. 7/17, Ill. S. 4/11. Internet-Link: anno.onb.ac.at/cgi-content/anno-plus?aid=abz.

[20] Matschoss, C.: Männer der Technik. L. Werder, S. 290. Düsseldorf : VDI Verlag 1985.
[21] Der Glaspalast in München. Ausschnitt der Ansicht von Nordwesten - vor 1932.
Internetlink: Glaspalast – Wikipedia: de.wikipedia.org/wiki/Glaspalast. Quelle: Uni Trier.
Datei: Glaspalast Muenchen.jpg.
[22] Bär, J.; Banken, R.; Flemming, Th.: Die MAN – Eine deutsche Industriegeschichte.
München : C. H. Beck 2008.

Vita des Autors.

Name:	Dr. Peter <u>Wolfgang</u> Piersig
Geburtstag:	12. Mai 1944
Geburtsort und Schulbesuch:	Lessingstadt Kamenz (Sachsen)
Wohnort:	Berg- und Adam-Ries-Stadt Annaberg-Buchholz, Geburtsstadt von Emil Heyn.
Persönliches:	Ruheständler, verheiratet seit 1965 mit Frau Stefanie-Konstanze, zwei Töchter.
E-Mail:	drwolfgangpiersig@web.de
Abschlüsse:	Schlosser (1961), BKW Heide-Wiednitz; Dipl.-Ing. (FH) für Kohleveredlung (1964), Berg-Ingenieur-Schule Senftenberg; Dipl.-Ing. für Werkstofftechnik (1972), Promotion zum Doktor-Ingenieur (1979), Hochschulpädagogik Stufe I und II (1980), Technische Hochschule Karl-Marx-Stadt (Chemnitz); Technikgeschichte, Technische Universität Dresden (1987).

Veröffentlichungen des Autors.

▪ *Adolf Martens – Erinnerungen an den Nestor der Materialprüfungen der Technik.*

GRIN-Verlag; Archivnummer: V83903,
ISBN (E-Book): 978-3-638-88760-1; ISBN (Buch): 978-3-638-90360-8.

▪ *Emil Heyn – Adam-Ries-Nachfahre, gewidmet dem Nestor zweier   Technikwissenschaften Metallkunde und Metallographie.*

GRIN-Verlag; Archivnummer: V84013,
nur ISBN (E-Book): 978-3-638-87588-2.

▪ *Erinnerungen an den 170. Geburtstag von Alexandre Gustave Eiffel und Bau des Eiffelturms vor 115 Jahren.*

GRIN-Verlag; Archivnummer: V83763,
ISBN (E-Book): 978-3-638-88603-1; ISBN (Buch): 978-3-638-90513-8.

▪ *Vannoccio Biringuccio und die Pirotechnia – 525. Geburtstag des ersten Autors der Metallurgie.*

GRIN-Verlag; Archivnummer: V83955,
ISBN (E-Book): 978-3-638-88607-9; ISBN (Buch): 978-3-638-90372-1.

▪ *Ein Exkurs durch die bedeutendsten Weltausstellungen von 1851 bis 2005 für Fachleute, Interessierte und Laien.*

GRIN-Verlag; Archivnummer: V83815,
ISBN (E-Book): 978-3-638-88605-5; ISBN (Buch): 978-3-638-89274-2.

▪ *Die Palmenblattflechterei und das Castell de Capdepera auf Mallorca.*

GRIN-Verlag; Archivnummer: V116704,
ISBN (E-Book): 978-3-640-18703-4; ISBN (Buch): 978-3-640-18856-7.

▪ *ECM - Elektrochemische Metallbearbeitung und EC-Kombinationsverfahren - Ein Beitrag zur Technikgeschichte anlässlich des 85. Geburtstag von Herrn Prof. Dr. rer. nat. sc. techn. Hans Wicht.*

GRIN-Verlag; Archivnummer: V117592,
ISBN (E-Book): 978-3-640-19823-8; ISBN (Buch): 978-3-640-19833-7.

▪ *Emil Heyn. Nestor der Technikwissenschaften Metallkunde und Metallographie.*

Ein kurzer Auszug aus der Emil-Heyn-Chronik und Rückblick auf das am 6. und 7. Juli 2007,   anlässlich des 140. Geburtstages von Emil Heyn, in der Berg- und Adam-Ries-Stadt Annaberg- Buchholz stattgefundene Emil-Heyn-Kolloquium.

GRIN-Verlag; Archivnummer: V120087,
ISBN (E-Book): 978-3-640-23584-1; ISBN (Buch): 978-3-640-23588-9.

• *Henry Clifton Sorby – Begründer der klassischen Metallographie – Mit einem Abstract über die Herausbildung der Technikwissenschaft Metallographie, nebst Originalquellen, Schrifttumstipps, Literaturregister.*

GRIN-Verlag; Archivnummer: V123320,
ISBN (E-Book): ISBN: 978-3-640-27261-7; ISBN (Buch): ISBN: 978-3-640-27265-5.

• *Henry Bessemer und das Bessemern, mit einer Sammlung und Anlage von Veröffentlichungen darüber.*

GRIN-Verlag; Archivnummer: V131002,
ISBN (E-Book): 978-3-640-36415-2; ISBN (Buch): 978-3-640-36361-2.

• *Der Kristallpalast zu London, mit einer Vita zu Joseph Paxton, dem Architekten des Crystal Palace zu London, nebst einem Kurzbericht über die erste Weltausstellung London 1851.*

GRIN Verlag; Archivnummer: V132604,
ISBN (E-Book): 978-3-640-38260-6; ISBN (Buch): 978-3-640-38312-2

• *Beitrag zur Entstehung und Entwicklung des Musicals.*

GRIN Verlag; Archivnummer: V131395.
ISBN (E-Book): 978-3-640-36639-2; ISBN (Buch): 978-3-640-36612-5.

• *Johann Bauschinger – Begründer der mechanisch-technischen Versuchsanstalten, mit dem Nachruf von Professor Adolf Martens und der Gedenkrede von Professor Friedrich Kick auf Professor Johann Bauschinger (1834-1893).*

GRIN Verlag; Archivnummer: V132971,
ISBN (E-Book): ISBN: 978-3-640-39292-6; ISBN (Buch): 978-3-640-39322-0.

• *Kompendium Papier – eine Chronologie mit einem umfangreichen Lexikon zu diesem alltäglichen Werkstoff.*

GRIN Verlag; Archivnummer: V134334,
ISBN E-Book): 978-3-640-40896-2; ISBN (Buch): 978-3-640-40940-2.

• *Der sächsische Lokomotivenkönig. Zum 200. Geburtstag des sächsischen Lokomotivenkönigs und Industriepioniers Richard Hartmann.*

GRIN Verlag; Archivnummer: V137862,
E-Book ISBN: 978-3-640-44585-1; ISBN (Buch): 978-3-640-44592-9.

• *Mikroskop und Mikroskopie - Ein wichtiger Helfer auf vielen Gebieten mit Definitionen, Geschichte, Daten, Literatur.*

GRIN-Verlag; Archivnummer: V140522,
ISBN (E-Book): 978-3-640-48209-2; ISBN (Buch): 978-3-640-48200-9.

• *Der Kristallpalast von London und sein Architekt Joseph Paxton. Der Glaspalast zu München.*

GRIN-Verlag; Archivnummer: V141687,

ISBN (E-Book): 978-3-640-50302-5; ISBN (Buch): 978-3-640-50333-9.

- *Das Schmieden und die Schmiedekunst. Historisches zur Metallbearbeitung.*

GRIN-Verlag; Archivnummer: V141883,
ISBN (E-Book): i. V.; ISBN (Buch): i. V.

- *Geschmiedete blanke Waffen – Symbole der Macht, Kraft und Eleganz. Drahtherstellung.*

GRIN-Verlag; Archivnummer: V141883,
ISBN (E-Book): 978-3-640-50870-9; ISBN (Buch): 978-3-640-50893-8.

- *Geschichtlicher Abriss zum Prägen von Metallmünzen.*

GRIN-Verlag; Archivnummer: V141944,
ISBN (E-Book): 978-3-640-50930-0; ISBN (Buch): 978-3-640-50956-0.

- *Die sieben Metalle der Antike. Gold. Silber. Kupfer. Zinn. Blei. Eisen. Quecksilber.*

GRIN-Verlag; Archivnummer: V141999,
ISBN (E-Book): 978-3-640-50931-7; ISBN (Buch): 978-3-640-50957-7.

- *Geschichtlicher Überblick zur Entwicklung von Bronzeglocken.*

GRIN-Verlag; Archivnummer: V142071,
ISBN (E-Book): 978-3-640-50932-4; ISBN (Buch): 978-3-640-50958-4.

- *Aluminium - ein Metall mit kurzer Geschichte, aber mit großer Zukunft.*

GRIN-Verlag; Archivnummer: V142299,
ISBN (E-Book): 978-3-640-50933-1; ISBN (Buch): 978-3-640-50959-1.

- *Henry Clifton Sorby, Adolf Martens, Emil Heyn. Nestoren der Technikwissenschaft Metallographie.*

GRIN-Verlag; Archivnummer: V142300,
ISBN (E-Book): 978-3640-50934-8; ISBN (Buch): 978-3-640-50962-1.

- *Geschichtlicher Überblick zur Entwicklung der Metallbearbeitung.*

GRIN-Verlag; Archivnummer: V142312,
ISBN (E-Book): 978-3-640-50935-5; ISBN (Buch): 978-3-640-50961-4.

- *Erinnerungen an Alexandre Gustave Eiffel und den Bau des Eiffelturms vor 120 Jahren.*

GRIN-Verlag; Archivnummer: V142399,
ISBN (E-Book): 978-3-638-88603-1; ISBN (Buch): 978-3-638-90513-8.

- *Überblick zur Entwicklung des Waffenhandwerks im Thüringer Wald.*

GRIN-Verlag; Archivnummer: V142455,
ISBN (E-Book): 978-3-640-52307-8.; ISBN (Buch): 978-3-640-52233-0.

▪ *Ein geschichtlicher Überblick zum Eisen im Erzgebirge. Der Frohnauer Hammer – 570 Jahre Herrenhaus und 350 Jahre Eisenhammer.*

GRIN-Verlag; Archivnummer: V142518,
ISBN (E-Book): 978-3-640-52310-8; ISBN (Buch): 978-3-640-52239-2.

▪ *Geschichtlicher Überblick zum Ätzen und Beizen der Nichteisenmetalle wie auch von Eisen und Stahl.*

GRIN-Verlag; Archivnummer: V143019,
ISBN (E-Book): 978-3-640-52316-0; ISBN (Buch): 978-3-640-52241-5.

▪ *Henry Clifton Sorby, Adolf Martens, Emil Heyn – Nestoren der Metallographie.*

GRIN-Verlag; Archivnummer: V142300,
ISBN (E-Book): 978-3-640-50934-8, ISBN (Buch): 978-3-640-50962-1.

▪ *Historische Betrachtungen zum „König der Metalle“ – dem Gold.*

GRIN-Verlag; Archivnummer: V146691,
ISBN (E-Book): 978-3-640-57441-4; ISBN (Buch): 978-3-640-57387-5.

▪ *Silber – ein Metall des Altertums und der Gegenwart.*

GRIN-Verlag; Archivnummer: V146692,
ISBN (E-Book): 978-3-640-57442-1; ISBN (Buch): 978-3-640-57390-5.

▪ *Erinnerungen an den 170. Geburtstag von Alexandre Gustave Eiffel und der Bau des Eiffelturms vor 115 Jahren.*

Collection deutscher Erzähler – Eine Anthologie neuer deutschsprachiger Autorinnen und Autoren, Band 3, Frankfurt/Main : R. G. Fischer Verlag 2004, ISBN: 3-8301-0633-5.

▪ *Emil Heyn – Nestor der Metallkunde und Metallographie.*

stahl und eisen 125 (2005), Nr. 6, 15. Juni 2005, S. 54/56.

▪ *Vannoccio Biringuccio und die Pirotechnia.*

stahl und eisen 126 (2006), Nr. 3, 15. März 2006, S. 96/98.

▪ *Gedenken zum 100. Todestag. Adolf Ledebur – Theoria cum praxi.*

stahl und eisen 126 (2006), Nr. 6, 19. Juni 2006, S. 104/106.

▪ *Annaberger Museumsnacht mit einem neuen Angebot. Emil Heyn zu Gast bei Adam Ries.*

stahl und eisen 126 (2006), Nr. 9, 15. September 2006, S. 98.

▪ *Adolf Martens. Erinnerungen an den Nestor aller Materialprüfungen der Technik.*

stahl und eisen 127 (2007), Nr. 3, 15. März 2007, S. 112/114.

▪ *Reminiszenzen an den Baubeginn des Eiffelturms vor 120 Jahren.*

stahl und eisen 127 (2007), Nr. 11, 7. November 2007, S. 170/174.

- *Zum 110. Todestag von Henry Bessemer. Henry Bessemer und sein Stahlgewinnungsverfahren.*

stahl und eisen 128 (2008), Nr. 3, 17. März 2008, S. 118/120.

- *100. Todestag von Henry Clifton Sorby. Henry Clifton Sorby gilt als Begründer der Metallographie.*

stahl und eisen 128 (2008) Nr. 6, 16. Juni 2008, S. 104/106.

- *Emil Heyn in seiner Geburtsstadt geehrt.*

Praktische Metallographie 45 (2008), H. 11, S. 566/574.

- *175. Geburtstag von Johann Bauschinger – Begründer der mechanisch-technischen Versuchsanstalten.*

stahl und eisen 129 (2009), Nr. 6, 16. Juni 2009, S. 100/102.

- *Zum 200. Geburtstag des sächsischen Lokomotivenkönigs und Industriepioniers Richard Hartmann (1809-1878).*

stahl und eisen 129 (2009), Nr. 11, November 2009, S. 129/131.

- *Henry Clifton Sorby – ein Privatgelehrter begründete vor rund 145 Jahren die Metallographie.*

Praktische Metallographie 47 (2010), H. 5, S. 246/258.

Annaberg-Buchholz im Mai 2010.

Abstract.

Das vorliegende Buch entstand anlässlich des 125. Todestages des Maschinenbaupraktikers Julius Ludwig Werder, den seltene Zielstrebigkeit, technische Genialität, riesige Arbeitskraft, eiserner Fleiß, stete Pflichttreue, reiche Erfahrung, sowie hervorragendes Organisationstalent auszeichneten. Mit dem Abriss zum Leben von ihm und der Vorstellung seiner wichtigsten Erfolge, sollen diese gewürdigt wie auch der Nachwelt erhalten bleiben. Des Weiteren soll mit dieser Publikation auch die Möglichkeit genutzt werden, an die historische Tat von Ludwig Werder, die er mit der Konstruktion und dem Bau der ersten deutschen Universalprüfungsmaschine für das Materialprüfungswesen vor rund 160 Jahren vollbrachte, zu erinnern. Gleichzeitig beabsichtigt der Autor mit dem Werk auch, die allgemein unter der Bezeichnung „Werder-Maschine" bekannt gewordene Prüfmaschine für Zug-, Druck-, Biege-, Torsion-, Schub-, Abscher- und Knickversuche Fachleuten und Laien in Erinnerung zu bringen. Außerdem wird mit dem Werk die Absicht bezweckt, auf Werders Innovationskraft auf den Gebieten Maschinen-, Werkzeugmaschinen-, Eisenbahn-, Brücken-, Hallen-, Waffen- und Fabrikbau aufmerksam zu machen. Zweck ist es auch, anzusprechen, daß Johann Ludwig Werder nicht nur einer der ersten großen Konstrukteure war, sondern, daß er auch zu den größten Fabrikorganisatoren des 19. Jahrhunderts, dessen Leben nur Arbeit war, gehörte; und, daß Ludwig Werder nicht nur mit seinem Geist, Lineal, Zirkel, Stift, sondern auch mit seinen Händen am Schraubstock mit Feile, Hammer, Meißel, Zange an der Maschine arbeitete, dies oftmals allein auch nachts.